# EPS Y ACTUACIÓN ENFERMERA EN PACIENTE TRAQUEOSTOMIZADO

Autores: JESÚS MATEO SEGURA

MARIA DEL MAR ACOSTA AMORÓS

DIONISIA CASQUET ROMÁN

Primera Edición, 2012.

© 2012 lulu Publishing S.L.

Quedan prohibidos, dentro de los limites establecidos en la ley y bajo los apercibimientos legalmente previstos, la reproducción total o parcial de esta obra por cualquier medio o procedimiento, ya sea electrónico o mecánico, el tratamiento informático, el alquiler o cualquier otra forma de cesión de la obra sin la autorización previa y por escrito de los titulares del Copyright.

Impreso en España por lulu.

ISBN: 978-1-291-16537-1

Publicado por Lulu Octubre 2012

Portada: Jesús Mateo Segura

Ilustraciones Portada: Imágenes de dominio público

*El siguiente libro se lo dedicamos a nuestra compañera enfermera y amiga Sandra Cuevas. Dedicarle este montón de palabras organizadas e impresas, nos sabe a poco; pero esperamos, con el tiempo, poder ofrecerle un huracán de obras y escritos. Gracias por todo.*

# INDICE PAG.

**INTRODUCCIÓN** 9

**CUIDADOS ENFERMEROS PRE-TRAQUEOSTOMÍA** 11

**CUIDADOS ENFERMEROS POST-TRAQUEOSTOMÍA** 13

**BIBLIOGRAFÍA** 31

# INTRODUCCIÓN

En este libro queremos explicar los cuidados que realizamos el Personal de Enfermeria ante un paciente que va a ser intervenido en breve para realización de traqueostomía y los cuidados que realizamos tras la intervención quirúrgica, tanto de Educación para la Salud como procedimientos.

El paciente traqueostomizado suele ser un paciente que nos acarrea gran cantidad de intervenciones y objetivos enfermeros, por lo que hoy en día es muy importante reciclarse en información sobre éstos.

Una traqueostomía es un procedimiento quirúrgico realizado con objeto de crear una abertura dentro de la tráquea a través de una incisión ejecutada en el cuello con la inserción de un tubo o cánula para facilitar el paso del aire a los pulmones.

# CUIDADOS ENFERMEROS

# PRE-TRAQUEOSTOMÍA

Crear un clima relajado y de confianza para que el paciente pueda preguntar y expresar todo lo que le preocupe.

Informar al paciente sobre los cambios a consecuencia de la cirugía (el posible impacto de tener un estoma en el cuello(alteración de la percepción de la imagen corporal) y sobretodo, y mucho más importante para el paciente, el cómo va a respirar, hablar, toser o comer.

Explicar términos y conceptos comunes y asegurarse de que el paciente se familiariza con lo que es una traqueostomía, estoma, cánula y aspiración de secreciones.

Planificar con el paciente algunos sistemas de comunicación para después de la intervención, facilitándole una carpeta o pizarra; también puede usar un póster con palabras o dibujos.

Si existe el día de ingreso un paciente que ya ha sido traqueostomizado, ofrecer la posibilidad de que se pongan ambos en contacto(o al menos los familiares de ambos); si así lo desean por ambas partes.

Informar a la familia de todo el proceso que va a vivir el paciente, implicándoles en el cuidado y sugiriéndoles actitudes y actividades que puedan ayudarle.

Aclarar las dudas sobre los cuidados previos a la cirugía.

Canalizar vía venosa periférica y administrar premedicación si la hubiese prescrito el Otorrinolaringólogo o Anestesista.

Comprobar que el paciente lleva 8 horas en ayunas y si todos los consentimiento esta firmados: de la cirugía, anestesia, y hematología (por si hay que trasfundir al paciente).

# CUIDADOS ENFERMEROS POST-TRAQUEOSTOMÍA

En las primeras 24 horas no cambiar la cánula, ni tocar la herida quirúrgica (salvo sangrado). Cambiar la cánula interna las veces que se considere necesario para mantenerla permeable.

El paciente debe venir del Servicio de Reanimación con una cánula de repuesto. En su defecto, dejarla próxima al paciente.

Comprobar que el balón endotraqueal esté inflado, ya que las primeras 24 horas debe estar inflado.

Curar la herida quirúrgica a las 48 horas y cambiar la cánula completa si precisa; si no precisa cambiar solo la pieza interior (macho).

En los estomas recientes, es necesario utilizar cánulas de traqueostomía estériles.

En estomas cicatrizados, se deben cambiar las cánulas por otras sometidas a limpieza y posterior desinfección de alto nivel.

Mantener la permeabilidad de la cánula, con cambio de la cánula interna (macho), aspiración de secreciones y lavados bronquiales si se precisan. Si está indicado utilizar un sistema de humidificación.

Mantener el estoma limpio y seco.

Utilizar apósito estéril en el estoma, al menos durante las primeras 48/72 horas, evitando cortar gasas ya que los hilos de la gasa pueden ser aspirados.

Elevar la cabecera de la cama 30°-40° si no existe contraindicación.

Animar al paciente a que respire profundamente y tosa regularmente.

Realizar higiene bucal cada 8 horas y siempre que sea necesario.

Mantener el timbre junto a la cama del paciente.

Procurar una comunicación eficaz:
- Proporcionar un ambiente tranquilo y silencioso.
- Ponerse de cara al paciente cuando se comunique.
- Dar al paciente el tiempo adecuado para que inicie, complete y responda a la comunicación.
- Evitar completar sus frases.

Proporcionarle apoyo emocional, tranquilidad y ánimo.

Fomentar que tanto el paciente como su familia miren la zona de la traqueostomía y sean capaces de expresar sus dudas. Recomendar el uso de un espejo.

Extremar la higiene y el cuidado del aspecto físico del paciente.

Si el paciente puede iniciar la fonación, es preciso que el balón endotraqueal esté desinflado y obturada la salida de la cánula.

Al iniciar la alimentación oral, comprobar que el balón endotraqueal está correctamente hinchado. Permanecer junto al paciente durante las primeras tomas, asesorándole sobre la técnica de ingesta y vigilando signos de aspiración. Con posterioridad, si no tiene problemas de deglución, puede alimentarse manteniendo el balón endotraqueal desinflado.

Si la alimentación es enteral, utilizar sondas del diámetro más pequeño posible para disminuir el riesgo de aparición de fístula traqueo-esofágica.
En caso de pacientes con ventilación mecánica se debe vigilar la presión del

balón endotraqueal al menos una vez por turno.

Realizar los demás cuidados postoperatorios habituales.

**Cuidados del estoma reciente**

Curar el estoma al menos cada 24 horas.

Mantener la zona seca.

Utilizar técnica estéril en la cura.

Cambiar el apósito tan a menudo como sea necesario.
Realizar la cura con suavidad, a fin de movilizar lo menos posible la cánula del paciente.

Observar minuciosamente la piel del estoma, a fin de detectar precozmente cualquier alteración de la misma.

## Procedimiento de cambio de cánula de traqueostomía

Es muy importante explicarle al paciente todos los pasos a seguir a la hora del cambio de la cánula, ya que en su domicilio, el paciente lo hará sin personal de enfermería.

1. <u>Precauciones</u>

    Asegurarse una visibilidad adecuada para la realización del procedimiento.

    Oxigenar al paciente, inmediatamente antes del cambio de la cánula, si padece una insuficiencia respiratoria.

    Comprobar el tipo y calibre de la cánula que porta el paciente.

2. Preparación del material

- Guantes estériles.
- Bata, mascarilla y gafas de protección ocular.
- Gasas estériles.
- Suero salino.
- Lubricante hidrosoluble.
- Antiséptico.
- Apósito absorbente para traqueostomía.
- Jeringa de 10 cc.
- Dos cánulas de traqueostomía: una del mismo número y tipo que la que porta el paciente y otra de un número inferior ( Ver anexo V).
- Sistema para sujeción de cánula.
- Sistema y material de aspiración.
- Resucitador manual (Ambú®) y mascarilla.
- Material para oxigenoterapia.
- Si se dispone pinza trivalva y si no pinza Kocher estéril.

3. <u>Preparación del paciente</u>

Colocar al paciente en posición de semisentado, retirando la almohada.

4. <u>Técnica</u>

Higiene de manos.

Colocarse la bata, mascarilla y gafas de protección ocular.

Colocarse los guantes estériles y crear un campo estéril.

Preparar la cánula nueva.

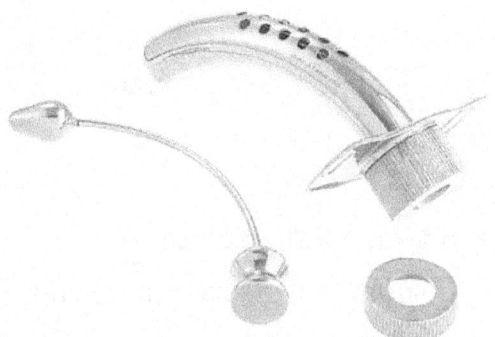

Si la cánula es de neumotaponamiento, inflar el balón endotraqueal para comprobar su integridad y dejarlo totalmente desinflado para su inserción.

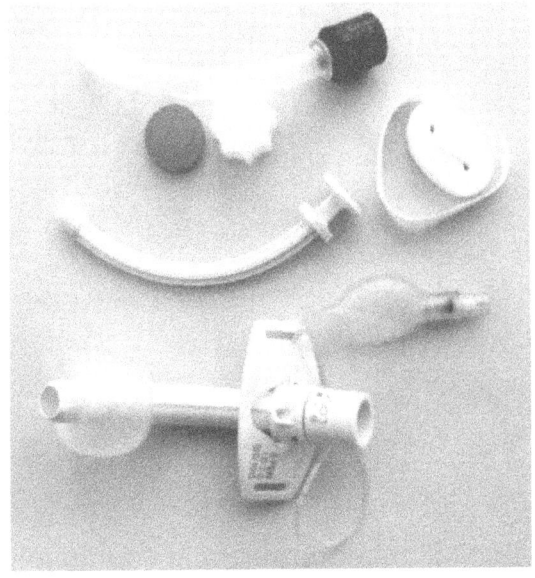

Retirar la cánula interna e introducir el fiador en la cánula externa.

Colocar al paciente con el cuello en hiperextensión.

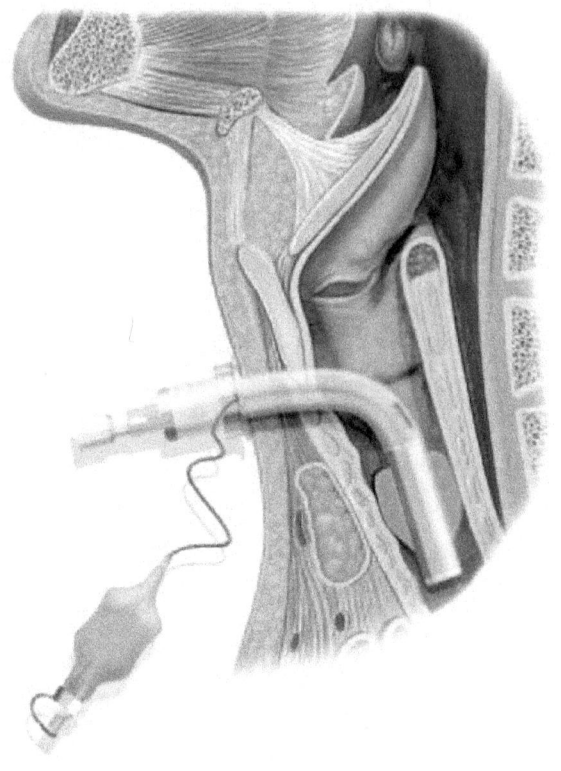

Cortar la cinta que sujeta la cánula que hay que cambiar.
Si es una cánula de neumotaponamiento, conectar la jeringa en la válvula y extraer el aire del manguito.

Extraer la cánula sucia con suavidad pero con firmeza.

Limpiar la piel que rodea al estoma con una torunda impregnada en suero fisiológico, desde los bordes del estoma hacia fuera.

Secar la zona y aplicar un antiséptico de la misma forma.

Lubricar la cánula, retirando con una gasa el excedente, para evitar la aspiración del mismo.

Introducir la cánula colocando la punta de la misma sobre el estoma del enfermo y dirigirla hacia abajo suavemente, pero con firmeza.
Sacar el fiador sujetando la cánula externa con los fiador, el desplazamiento de la cánula externa.

Introducir la cánula interna.

Accionar el dispositivo para inmovilizar la cánula interior en la exterior.

Colocar gasas estériles entre el estoma y el apósito absorbente.

Asegurar la correcta fijación de la cánula alrededor del cuello, sin comprimir mucho ni estar floja.

En las cánulas de neumotaponamiento, inflar el manguito con 3-5 cms de aire, según sea necesario, comprobando que no haya fuga de aire por el estoma.

Comprobar la correcta ventilación del paciente antes de fijar definitivamente la cánula.

Verificar la comodidad del paciente.

5. Observaciones

Extremar la vigilancia en pacientes que hayan sido recientemente traqueostomizados.

Si existe dificultad para la introducción de la cánula rotarla ligeramente y con suavidad en el orificio del traqueostoma hasta encontrar la vía correcta de acceso. Si persiste la dificultad, intentar introducir una cánula de un número menor.

Asegurarse de que la cánula queda firmemente sujeta pero sin comprimir el cuello del paciente.

6. <u>Educación</u>

Enseñar al paciente con traqueostomía permanente, cuando su estado físico y psíquico lo permita, a limpiar y cambiar su cánula. Incluir a la familia y/o cuidador principal en esta enseñanza.

**Decanulación**

En los pacientes con traqueostomía temporal, la cánula debe ser retirada lo antes posible, para evitar complicaciones y secuelas.
La cánula se ocluirá periódicamente, aumentando el tiempo de oclusión según la tolerancia del paciente.
Se procederá a la retirada de la cánula cuando:

- El paciente sea capaz de permanecer 24/48 horas con la cánula obturada.
- El paciente sea capaz de expulsar las secreciones traqueobronquiales sin ayuda durante 24/48 horas.
- No exista ningún obstáculo en las vías respiratorias y la ventilación pueda ser asegurada por el paciente.

Una vez retirada la cánula, se mantiene el estoma limpio seco y al aire, sin ningún tipo de apósito. En la gran mayoría de los casos, el estoma se cerrará de manera espontánea por segunda intención.

**Educación e información para el alta**
Instruir al paciente y/o cuidador respecto al cambio de la cánula y limpieza de la misma, cuidados y protección del estoma, humidificación del ambiente, régimen de vida y ejercicio físico, correcta hidratación con ingesta adecuada de líquidos y material a utilizar.

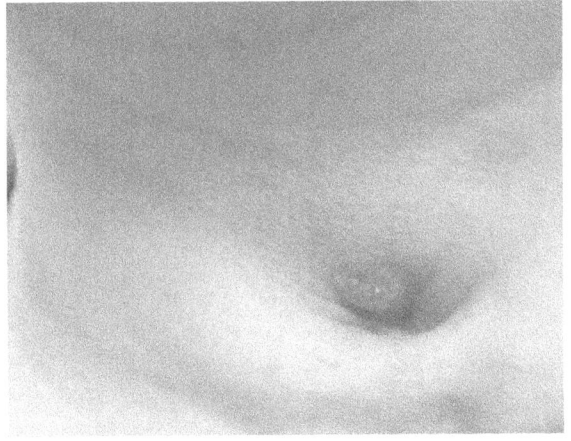

Entregar al paciente y/o cuidador las recomendaciones de enfermería al Alta.

# BIBLIOGRAFÍA

McConnell E. El cuidado de la traqueostomía. Nursing 2002 Nov 20 (9):45.

Manual de procedimientos de enfermería. Hospital de Basurto. Bilbao 2001.

Cuiden [Base de datos en Internet] Zamora L. Cuidados en la Traqueostomía: Traqueostomía en el lesionado medular. Hospital Asepeyo Coslada (Madrid). Junio 2002. Disponible en URL: **http://www.lesionadomedular.com/archivos/almacen/traquesostomía.pdf**

www.ingramcontent.com/pod-product-compliance
Lightning Source LLC
Chambersburg PA
CBHW072309170526
45158CB00003BA/1256